おかえりチャトラ

池田 志柳

東京図書出版

はじめに

幼児、児童、青少年、高齢者に至るまで、心ない虐待《ぎゃくたい》、惨殺《ざんさつ》が毎日のように報道される今日《こんにち》、それが相手を消せば問題が解決したり、いやなことから逃げられると思ってのことだとしたら、それは大変な思いちがいです。十年以上一緒《いっしょ》に暮らしていたネコのチャトラが死去し、火葬《かそう》されてから、九カ月して再び我が家に帰って来ました。死ぬとは、生きる世界を替えることだったのです。

万物《ばんぶつ》の霊長《れいちょう》である私たち人間はこのことをしっかり知っておく必

要があります。人には、この世を生きるだけの命でなく、生き続ける命が与えられているのです。

あの世の誰かが帰って来ても、いつでも喜んで迎えられますか？

おかえりチャトラ◇目次

チャトラ

チャトラは拾われたネコだった

平成十六年の六月、雨の日。当時、学校を卒業して就職し一人暮らしを始めたばかりの長男が、仕事の帰り道で事故に遭った子ネコを見つけ拾いあげた。

怪我《けが》をして雨に濡れ、道路脇に小さく鳴きながらうずくまっていたのに気づき、そのまま動物病院に連れて行き処置をしてもらった後、我が家に来た。

医師に「止血はしたが足は治療《ちりょう》の方法がない」と言われた長男から引き継いで、子ネコは我が家で暮らすことになった。

まだ身体《からだ》も小さく幼い容貌《ようぼう》だった。

初めて来たところなのに、足を引きずりながら喉《のど》を小刻みにゴロゴロと鳴らした。

茶色のトラ猫だったので直ぐチャトラの名がついた。

お隣さん数軒にチャトラを抱いて「よろしくおねがいします」の挨拶回りをした。

医師から治療できないと言われた捻《ね》じれた左後ろ足は、様子を見ながらいろいろ工夫をして、間もなく肉球が地に着くようになった。

動きが活発になり行動範囲《こうどうはんい》が広がった。

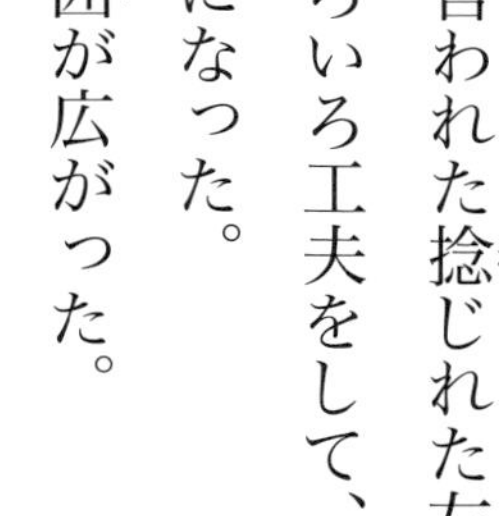

物言えぬもの

「物言えぬものが先」。今は亡き実母が昔、飼っていたウサギやネコに、自分が食べる時には先ず生きものに食べ物が不足していないかを確認《かくにん》し、足りていない時は、自分のことはさておき、与えられることでしか食べられない生きものに心を配る姿を見てきたので、私もいつしかそうするようになっていた。

物言わぬ植物《しょくぶつ》にも母は優しかった。樹木野菜類《じゅもくやさいるい》はいつも生き生きとして元気に育ち、収穫物《しゅうかくぶつ》も多く立派だった。

しかし、そんな信条のために、チャトラの食事で失敗したことがある。

この家に住み始めてから、人間家族の都合でトイレ箱の置き場所を二、三回移動させても上手《うま》く使ってくれていたのに、一カ月ほど経過すると、ピンクの毛足の長い絨毯《じゅうたん》の上や、マッサージ機のカバー、厚手《あつで》のタオルにまでおしっこをまき散らすようになった。

この始末《しまつ》に負えないことを長男に話すと、拾った時に足の怪我を診てもらった獣医師に拾い猫だと伝えると治療費を半額にしてくれて、「あと二カ月もしたら去勢手術《きょせいしゅじゅつ》を受けなさい。そうしないとトイレのことや、他のことにも相当乱暴《らんぼう》になる」と説明を受けていたという。獣医さんの言われた時期になったので長男は時間を作りその手術を受けに連れて行った。

獣医さんの言われたことは正しかった。手術直後からたちまちでたらめな排尿《はいにょう》は止《や》み、決められた場所以外ではしなくなった。

その反動なのか食欲が半端《はんぱ》でなくなった。与えても与えても、もっともっとと欲しがった。またたく間に去勢手術を受ける前の倍近くに太ってしまった。スマートに走れない、でぶっちょチャトラを抱えながら、これではいけない、物言えぬものに欲しがるだけ与えたことを反省し、管理《かんり》は育て側にあると痛感した。様子や変化を、観ることが欠けていた。

行動面ではカーテンをよじ登り、レールの上を走る等、室内での暴れん坊ぶりも鳴りを潜めるようになった。

そのころには様子を窺《うかが》っては隙《すき》あらば素早く家の外に出ることが多くなった。

去勢手術が如何《いか》に行われたのかは私の知るところではないが、チャトラにとって良かったことなのかと考えると複雑《ふくざつ》な思いでもある。

チャトラはお庭のガードマン

チャトラが前庭にいると、猫好きの人は、ひとしきり返事もしないネコとの会話を楽しんで去って行く。時には好きそうだと思われたのか、与えられたただろうキャベツの葉が食べずに残っていることもあった。目の前の道行く人とは適当に上手く付き合っていたようだ。

同種のネコと仲良く頬摺《ほおす》り寄せていた光景は一度だって見たことがない。

ガードマンを自認していたのか、他の生き物に対しては非常に厳しかった。

家屋敷地《かおくしきち》に他のネコが近寄って来たり通り抜けようとしようものなら、身体中の毛を逆立《さかだ》てけんか腰で追っかける。チャトラの何倍もあろう大きな犬でも少し覗《のぞ》き込んだという理由《りゆう》だけで、相手の顔面《がんめん》から血が出るほどのネコパンチを喰らわす。チャトラが庭にいる時はハトをはじめ小鳥、ハチなど大きなものから小さなものにまで目を光らせていた。カラスも静かだった。実のなる植物に被害なく収穫できたのも、目利き腕利《うでき》きのすごいガードニャンの手柄だった。

未《いま》だこの住まいのエリアに生息しているのかと驚くような、モグラ、ヤモリ、大きなザリガニ等を捕って得意《とくい》げに、私に見せに来るのが夜中であるだけに、おぞましかった。

昼は長めのリードに繋《つな》がれていたが、夜行性《やこうせい》のチャトラは夕方、暗くなるのを待ちかねて、そそくさと出て行ってしまった。

夜中、大きな声で度々けんかをした。

チャトラの声だと直感《ちょっかん》すると、ご近所に知れ煩《うるさ》がられないよう、吹き抜け窓の開閉時《かいへいじ》に使用する、私の背丈の二倍近くある長い棒を持って、やっつける気はさらさらなくても相手のネコを遠くへ追い払うために、突撃《とつげき》して行った。

それを繰り返していると、チャトラはどんな相手とケンカをしても私が助太刀《すけだち》にすっ飛んで来てくれると思うようになったのか、家の近くで声を張り上げ、私が参加し、相手が逃げ去ると、勝ち戦《いくさ》と勘違《かんちが》いをしているのかゆうゆうとして家について入ってきた。

私が駆けつけるのが遅くて一戦交えていたことも幾度かあり、耳の近くや額《ひたい》に負傷《ふしょう》していたこともあった。

キズが深かったり化膿《かのう》したための悪臭《あくしゅう》で気づき驚いて消毒《しょうどく》し、キズテープを貼って治療した。

そんな時チャトラは、貼ってもらったキズテープが剥《は》がれ落ちないように、顔を少し上向き加減《かげん》で行動し、思いのほか長く、十文字のそれを大切にキズの上にのせていた。

少し滑稽《こっけい》で可愛かった。そしてキズはいつも順調《じゅんちょう》に回復《かいふく》した。

毎年夏季《かき》はこんな事情《じじょう》で、私は階下の玄関口近くで待機《たいき》しながら就寝《しゅうしん》する日々だった。

チャトラの守衛力《しゅえいりょく》は強固《きょうこ》と疑《うたが》わなかったのに、ある夏の昼下がりのこと、とんでもない来客《らいきゃく》を許してしまった。チャトラはいろんなものを開けるのにご執心で、多少重いガラス戸も移動させて外に出るが、断じて閉めることはない。チャトラの身体一つ分開いていた広縁《ひろえん》のガラス戸の隅あたりから、こともあろうに長い太いヘビが半分以上侵入して来るのを、目撃してしまった。

ヘビはあれよあれよと言う間に、素早い蛇行《だこう》で廊下《ろうか》伝いに玄関フロアまで進んだ。

どうするのが良いのかも判らず、先ず、どの部屋も閉め切った。そこにチャトラの姿があったので、とっさに、何とかしてくれるかとヘビのいるところに押し込んだ。ヘビはとぐろを巻き、かま首をもたげていて、とんでもなく、ウソと思うほど、びっくりの大口を開いたので怖くなってチャトラを置いたまま、また閉め切った。

チャトラのことも気になったが、「この部屋にヘビが入って来たらどうしよう、なんと不気味な生きものだろう」とすっかり脅えてキッチンで椅子に正座をしていた。

玄関からチャトラがこちらに来たがってドアに爪を立てている音がするので、勇気を振り絞って隙間から覗いてみた。ヘビはそばにはいないようだ。大急ぎでチャトラだけ引き入れた。再び椅子に正座し息を殺して、家族の誰かが帰ってきてくれるのをひたすら待った。

待つ時間は長く感じる。いつもは帰りの遅い夫が思いがけず一番に、連絡していた通り勝手口から帰って来てくれた。夫は早速玄関を全開して、ヘビを長い棒で追い出し始めた。夫もヘビは苦手で、時々ヘビの目も顔も消え、口だけの生きものかと思えるほど大口を開けるたび、及び腰になっていた。時間にして数分の格闘《かくとう》でヘビは玄関から仕方なさそうに、熱い舗道《ほどう》をやはり蛇行しながら出て行った。大きな犬に負けぬチャトラでも、多分戦ったことはないだろうヘビには、気味悪く向き合えない苦手な相手と警戒《けいかい》したのだろう。

面倒《めんどう》だったかしら

チャトラの身の回りのことで、続けてきたことがある。食器はチャトラの足の長さとおなじ高さの台の上に置いた。首を下げないようにすることで足にかかる負荷を軽くし、自然な恰好《かっこう》で食べられたらという思いだった。

トイレ箱の前に箱と同じ幅と高さで、チャトラが安定して通過できる広さの台を用意し、ほど良い湿り具合のタオルを置いた。

排泄《はいせつ》で砂場に入り用を済ませた後、そのタオルの上を通過《つうか》し、自動的に足の裏全体が綺麗《きれい》になるアイデアシステムは、私たち皆にとって清潔《せいけつ》で良かった。

足の捻《ね》じれはよくなってても、歩き方は弱い足をかばってか健康な足の方に身体が少し傾斜《けいしゃ》していた。怪我の後遺症《こういしょう》で伸びてくる爪も不恰好《ぶかっこう》でもろかったが、高い木やブロック塀《べい》に登るのが好きだったので、いつもと感覚《かんかく》が狂《くる》うと困るだろうと、爪はあえて短くしなかったがその分、家具等への傷は深く多かった。

寒い時季でも晴れの日はできるだけ日光浴ができ、骨が丈夫でいられるように、陽射しの多い濡れ縁に座布団《ざぶとん》を敷き、たびたびチャトラを誘い出したりしたのは面倒なことだったかしら。

チャトラはバスルームがお好き

私が入浴を始めると何処にいても素早く嗅《か》ぎ付けて、わざとらしく半透明《はんとうめい》のドアにシルエットを映し出す。私が招き入れるのを待っているのだ。その前の準備にチャトラがゆったりできるスペース分の風呂フタを浴槽《よくそう》に渡し、そこに寝そべれる大きさのタオルを大急ぎで敷き、無言でドアを開ける。と、すぐさま器用に身体を斜めにして指定席《していせき》に飛び乗る。次は猫舌に合うお湯を所望《しょもう》し、傾けたチャトラ専用のボールから豪快《ごうかい》にまた美味しそうにペチャペチャと飲む。

その次は浴室のミストで湿《しめ》りの良い前足、後ろ足等舌の届くところを全部舐め回し、洗顔や毛づくろいが暫《しば》し続く。

そして、くつろぎのポーズでウトウトし始める。ホント気持ち良さそうだ。前足もすっかり内向き。湯に入るのは好きそうでないので拭《ふ》くことはあっても洗ったことはない。

その間私はというと髪や身体を洗い、最後にジェット噴射《ふんしゃ》を使用したりする。かなり大きな音がする。

チャトラは聞き慣れたもので、変わらず眠っている。もちろん初めての時は、ジェット作動をオンにしたりオフにしたりして様子をみた。かなり大きな音でお湯がもり上がるのにあまり驚いたふうでもないし、その後もずーっと続けてきているので音が気にならなかったのかと思う。日頃は、かすかな音に耳を傾けて、獲物を探し当て虫やネズミ等捕まえるまで追い込む鋭い聴力を持っているのに、お風呂でのザァーザァー音は別みたい。三十分前後のバスタイムが終わりバスルームから出る時、未《ま》だ寝ている時はそのままにして、ドアは押せば開く状態にしておく。

大きな音でも驚かない物に掃除機《そうじき》がある。ネコには換毛期《かんもうき》が春と秋の二回ある。夏は涼しく、冬は暖かく過ごせるようにという自然からの配慮《はいりょ》・恩恵《おんけい》である。抜け毛が多く前足で身体を掻《か》いている時、ちょうど私は掃除機をかけていた。

チャトラのすぐそばでウィーン、ウィーンとかけていても逃げない。私はチャトラの背中に掃除機の細いノズルを、そうっと当ててみた。されるがまま気持ちが良いのか、体勢《たいせい》を崩し始めた。ついにゴロリとお腹《なか》を見せて全体を吸っても良いのサインを出したのだった。それから春と言わず秋と言わず年中、私が掃除機をもって掃除をする時「ブーンをするよ」と言うと必ず寄って来て、掃除機をかけてもらいたい箇所をノズルの先に当てに来るのはネコらしからぬことであったが、いつも清潔な部屋とチャトラだった。

こんなことは神経質なネコには滅多《めった》にないことに思え、動画《どうが》に撮り残したいと思っても、掃除機をかけているのは私だし、撮影《さつえい》する人が他にいようものなら、人見知りなチャトラはすぐに何処かに身を隠してしまうだろうと、幾度も心の中で絵として残

したいと望みながら、実行できないまま、今ここに文章で表し、懐《かい》旧《きゅう》している。

律儀《りちぎ》なチャトラ

成長してチャトラの外出は多くなった。長男が様子を見に家に立ち寄った時、事細かに説明するよりは実物を見せるのが一番早く確実と思い、陶製《とうせい》の食器をスティックで外に向け二、三回叩くと、その音が聞こえる範囲にいる時はチャトラは必ず帰ってくる。時々いそいそと家路を急いでいるのを家の中からガラス越しに見ると、何とも律儀《りちぎ》で健気《けなげ》な姿に胸がいっぱいになった。可愛い家族の一員に違いなかった。

チャトラは音に反応するだけでなく、私や家族の言葉もよく聞き分けて行動した。知能が優れていると思われる節が多々あった。

チャトラが生前してくれたこと

チャトラが我が家に同居することになってから三年して、未だ一歳にも満たない小さなトイプードル犬のフクが家族に加わった。果たして仲良くできるか心配だった。毎日様子を見ながらチャトラのいつも座っている椅子に少しずつ近づけていった。最初は怪訝《けげん》そうにじろっと見るだけで、われ関せずの態度《たいど》だった。反感を持つふうでなかったのが救いである。

日毎距離《ひごときょり》を縮めていくと『隣にいてもいいよ』の雰囲気で受け入れてくれた。そのうちにちょっと軽いネコパンチやジャブ、ちょっかいを出して遊んでくれるようにもなった。調子に乗ってしつっこくふざけるフクは、手加減強めのパンチをもらうこともあった。二匹が成長するに従いお互いを理解《りかい》するようになったのか、揉《も》めることなく、気が向いた時に一緒に遊んでいた。

私はこの地に住んで三十五年以上、夏季は朝四時、冬季は五時に出かけ、交通安全を願いながら通学路等のアンダーパスや周辺の清掃奉仕を続けている。一時間ほどで終え自転車にゴミを積んで帰ってくると、家まであと角を一曲がりのところにいつもチャトラは迎えに来て待っている。「迎えに来てくれてありがとう」と言うと、嬉《うれ》しそうにも得意そうにもしながら、自転車を私の身体の一部とでも思っているのか、前輪に顔や体をこすり付けながら、右に左に揺れて歩くので、踏んづけそうになり、急いでいる時は内心『ちょっと迷惑』と思うこともあった。
留守時も二匹で家の中を荒らすことなくしっかり守ってくれていた。

さようならチャトラ

平成二十八年五月十一日、飲み食いはできないけれど意識はある。

身体が起こせなくなって玄関の上がり框《かまち》に横たわったチャトラを、二階の私の寝室の布団に入れ看病し始めたが、覚悟《かくご》のいる容態《ようたい》だった。

体調が悪いと感じた時は、チャトラの為にだけ小さな鯛《たい》を買った。いつもは焼き鯛を私の掌《てのひら》にのせ与えれば、あっと言う間に平らげ、本当に、体調が優れなかったのかと疑うほどすぐに元気を取り戻したけれど、鯛を勧めても、今はもう反応すら見せない。

「ちょっと階下《した》に下りてすぐ戻って来るから待っててね」と声をかけ

ると、前足の一方を丸めて引き止めるような仕草をした。

怪我をした時や体調の良くない時、幾度か私の素人療法《しろうとりょうほう》で治ったことを記憶《きおく》していて、今度も治してくれる、治ると信じているのか、早く治してほしいと引き止めているようにも思えて切なかった。少し前まで体調不良で動物病院に通ったけれど、はじめの怪我の後遺症《こういしょう》で、背骨の歪《ゆが》みから内臓が年齢以上に劣化したようだ。

できる限りそばに寄り添ってから二日目の夕方、もう限界のような気がしてチャトラの上下歯の隙間にスポイトでホンの少し水を垂らした。それを機にチャトラは息を引き取った。ちょうど午後六時だった。

チャトラのそばに付き添って、今までのことを思い出していた。

チャトラ

事故に遭って左後ろ足が裏返って
歩くたびに出血する姿で
長男に拾われた子ネコ

我が家に来てすぐゴロゴロと喜びの喉を鳴らしたネコ
獣医さんに治らないと言われた足も
ガムテープのギプスで肉球が地に着くようになった
茶色のトラ猫だったので名はチャトラ

それから三年して
トイプードルのフクが弟となった
前庭の垣根でチャトラがしゃがみ
二匹でかくれんぼ
仲良く飽きずに遊んだわね
飛び出す時も格好良かったチャトラ

今　水とスープがホンの少ししか入らず
すっかり痩《や》せて時々大きな声で鳴くチャトラ

年月が経過したこと

自身が老衰していること
家族との別れが近づいていること
何が判っているだろう

鳴いてもいいんだよ

チャトラ　私が看ている時
最後の息をしておくれ

チャトラ　私の気づかないところで

「おやすみ」の目を閉じておくれ

平成二十八年五月十二日午後六時
チャトラは逝ってしまった。

野洲川斎苑《やすがわさいえん》

ペットを亡くした知人から「テレビでも紹介された動物も扱ってくれる火葬場のある野洲川斎苑」のことを聞いていたので、迷うことなく電話したところ、翌十三日の午前中に予約ができた。

当日の朝、長男が出勤の前に、別れに立ち寄った。事故の後遺症と高齢で背骨が歪み、消化機能が萎縮《いしゅく》し衰《おとろ》えていくのか、排泄がチャトラ自身でできなくなって、拾い主の長男が時々私に代わって病院に連れて行ってくれていた。

チャトラが相当具合が悪いと連絡をした二日前にも様子を見に立ち

寄っていたので、ある程度予想はしていたようにも見えた。

「お母さん長い間、お世話をしてくれて、ありがとう」といった長男の目にはやはり涙があった。

フクは意味が判っていないのか、横たわっているチャトラの顔を鼻で持ち上げようとして皆に止められた。

フクなりの最大級のサヨナラだったのかも知れない。

電話で「燃える物以外は入れないように」と教えられたことを守り、前章の詩の紙を一枚だけ入れた。

車で二十分ほどして斎苑に着くと、火葬場のある建物の裏口の方に案内された。

個々の棺《ひつぎ》がゆったり入る火葬炉が想像以上にたくさん並び設けられ、それぞれ自動シャッターで閉じられていた。すぐに係の方が来て、小さな台を示しながら「ここに置いてください。最後のお別れになります」と言った。

夫婦でお数珠《じゅず》を持って手を合わせた。

夫は「よろしくお願いします」とけじめ良く言ったので私もそれに従った。泣かないと決めて来たが、堪《こら》えきれず小さな嗚咽《おえつ》が襲《おそ》ってきて、顔を伏せたままそこを後にした。

家に帰るとフクだけが出迎えてくれた。

それもまた淋しさが増した。

お帰りチャトラ

平成二十九年二月十二日、立春が過ぎても湖国《ここく》はまだまだ寒い。その日は久し振りに階下の用を早く済ませて自室の二階に上がると、いつもより暖かかった。春の近づきを感じた。数日前届いた月刊誌を読もうとした時、突然元気な若いネコの声が「ニャー、ニャーニャーニャー」と、すぐそばで繰り返し二回聞こえた。

『嬉しそうに忙《せわ》しく鳴くネコもいたものだ』と、耳元であまりにはっきり聞こえるので何かの下敷きになっているのか、私が踏んづけているのかと思えて、手元の本や紙類を慌てて持ち上げ、調べてみた。何もない、何もいなかった。

『エーッ、どこで鳴いているの』と思っただけで、内心『(ネコの恋が)俳句の春の季語にあるように、今はそうやって、鳴くのかな』と思いテラスに出て外を見下ろしたが、やはり如月《きさらぎ》の夜に動物の姿はなかった。空耳《そらみみ》、幻聴《げんちょう》の所為《せい》にしてその日は終わった。

翌日、不思議に昨夜のネコの鳴き声がまた気になって、庭に出てどの辺で鳴くとあんなにすっきりはっきりあの大きさで二階の自室に届くのかを、いろんな角度から検証《けんしょう》してみたが、腑《ふ》に落ちる結論《けつろん》は出せなかった。最近この辺でネコの姿さえ見かけることも少なくなっていた。

それから私は数日間外泊で家を空けた。帰宅した翌朝早く、自室で「ニャーン」と鳴く声がした。チャトラの声だとはっきり判った。「チャトラなのね！」私は興奮《こうふん》した。と同時にあの時の声もチャトラだったと、とっさにはっきり判明した。忘れもしないチャトラの声だ。あの時判ってあげられなかったことを悔いた。

「おかえりチャトラ」

あり得ようもないことが実際、今おきているのだ。不思議だ、チャトラの方も興奮しているのか、私が間もなく二階から階段を下りると、チャトラは閉めたままのドアを抜け階段で鳴き、続きに歩いた玄関の上がり框でも見えない姿でついて来て一声ずつ鳴いた。

その次の日は八時半ごろ、いつもチャトラが座っていた椅子あたりの上の空間で一回鳴いて、十秒ほど後にまた鳴いた。

亡くなってから九カ月して再びチャトラの声が聞けるなど思ってもみないことだった。

確かにチャトラが亡くなった確認もし、一晩置いて野洲川斎苑で焼いた。ない身体であの遠い所から、知らない道を、どこをどうやって帰って来たのだろう。ない声帯でどうして声を出しているのだろう。疑問だらけである。しかし間違いなくチャトラの声である。

次の日も鳴いた。夫にもあらましを告げたが、「また、見えない宇宙の神秘を信じている者が言う可笑《おか》しな話」みたいな顔で聞き流された。

そんな夫と朝食をとっている時、いつもチャトラが座っていた椅子の上の空間で、はっきり大きな声で「ニャーン」と鳴いた。

夫も驚きながらも懐かしそうに現実を肯定した。

長男にも聞かせてやりたかった。テープレコーダーを用意して待った。チャトラは家にいる私に連れだって鳴くので設置《せっち》場所が難しかった。

長男がやって来た。暫くすると特別かと思われるほどしっかりはっきり喜んでいるように「ニャーン」と鳴いた。事のあらましを聞かされていた彼は目を丸くして「ほんとや」と感慨《かんがい》深げだった。他県に嫁《とつ》いでいる娘たちの知るところともなり、世にも不思議なことが我が家ではいつの間にか普通のこととして受け入れられるようになっていった。チャトラの「ニャーン」の声に、フクが「ワン」と吠える現実に、生前の生活が甦《よみがえ》った。

チャトラがあの世から帰って来て、声で生きている存在を示すようになってから私が毎日書いている日記帳に、何時《いつ》どこで鳴いたかを記録し続けている。うまい具合にチャトラの声も数回録音《すうかいろくおん》できた。

いつまでチャトラの声がこの世で聞けるか判らないが、来てくれる間、記録したいと思っている。

百聞《ひゃくぶん》は生声にしかず

平成二十九年四月二十四日、午後二番目の予約で、仲良しの隣市に住む林順子さん（実名掲載本人承諾）がちょうど時間通りの二時半に訪ねてきた。

彼女のご家族は皆さん動物好きで、今はネコを飼っている。久し振りに会ったので会話も弾んだ。一時間半の学習が終わりかけた時「ニャーン」と大きな声でチャトラが鳴いた。

二人ともびっくりした。彼女は目の前の空間で姿がないネコの大きな鳴き声がしたことに驚いた。私は人見知りのチャトラがまさかお客様の前で鳴くなど全く予測していなかったので、鳴いたことに驚いた。「百聞《ひゃくぶん》は一見《いっけん》にしかず」の諺《ことわざ》があるがそれは見えるものに対してのことで、見えないものを如何《いか》に説明して良いのかを考える時、やはり生の声、声を聴いて納得《なっとく》して頂くしかない。家族以外の人に聞いて頂けたことは証人《しょうにん》を得たように嬉しかった。

ネコの一周忌は

平成二十九年五月十二日はチャトラが亡くなってから一年経過記念日である。人の世では一周忌《いっしゅうき》である。火葬された五月十三日とその両日にどんな変化が感じられるか興味があった。できるだけその日は自宅付近にいるように努めた。

それまでの鳴く時間は、朝、昼、夕、夜と多少の時間差はあっても大まかな規則性をもっていた。夜は遅くても十時か十一時にたまに鳴くぐらいで睡眠を脅かすことはなく、一日の終わりにチャトラの声が聞けると安心して眠りにつけた。

声で会えるだけでも嬉しかった。鳴きそうな時間になると待ち切れなくて「チャトラ」と声をかける。タイミングが合い「ニャーン」と鳴く。まさに世の隔たりを感じない宇宙の神秘である。

気にかけていた十二日は三回、十三日も三回鳴いた。内容は昼食時と『おかえりチャトラ』の実話を打ち込み始めている私のパソコンそばで、また十二日は夜の十時、十三日は十一時と珍しく両日遅くに鳴いた。

五月十二日は死去から一年経過と同時に、人目には見えない姿と鳴き声で九カ月振りに帰って来てから丸三カ月でもある。私の日記に書き留めた鳴き声は百七十五回に及んだ。その日から暫くチャトラの声はしなかったが、六日後の夜九時再びチャトラの声が聞けた。

それまでも鳴かない日が続いたこともあったが、鳴いても私が記録できない日もあったので、実際に鳴いた回数はこの記録よりは、多いと思う。今後もこの状態が続けば嬉しく楽しいけれど、チャトラにとって幸せが他にあれば私たちのことは考えてなくてもいい。人の世は一周忌とか、法事等があるけれどあの世は通常なのだろう。チャトラは今も、邪魔にならないように気遣ってか、自分の気分次第でか、時々帰って鳴いている。

私は、チャトラが次の世で元気に生きていることを知り安心した。

命の不思議さを伝えてくれる大役を立派に果たしたと褒めてあげたい。伝えてもらった「命は生き通しである」ことを、一日も早く周知させる役目はしっかり心を込めて果たすと約束しよう。

チャトラの世界

この世の空間続きに目には見えない次元の異なる世界が多く存在することの研究が進んでいるという。十次元近くの存在も伝えられている。

今回はチャトラが伝えてくれることだけを記したい。

未だ知られていない異次元世界《いじげんせかい》は多種多様《たしゅたよう》な電磁波のようなもので構成され、各世界はそんな境界波《きょうかいは》でバランスを保っている。多重構造になっている。

その境界波を通り抜ける羽音のようなブゥンという幽《かす》かな音がした

と思うのと同時ぐらいに「ニャーン」と鳴く声が聞こえることからも判る。

霊体（極微素粒子《ごくびそりゅうし》）は見えないが気配は感じる。

チャトラにはカメラは向けないでいるが、カメラの画素数がマッチして映り込んだという写真を見たことがある。いわゆる心霊写真である。たぶん皆さんもご覧になったことがあると思う。

三月十五日夜九時、自室で今までに見たことのない小さな星のようなものが空間でキラキラチカチカと輝き、その後すぐに「ニャーン」と鳴いた。チャトラの幽体《ゆうたい》か霊体《れいたい》の一面だったのかと思い、以後どんなパフォーマンスをしてくるのだろうかと、楽しみでもある。

チャトラから伝わってきたこと

身体や形体のある生きものは、自分が死亡すると思うと同時に、その命（心・魂）は身体から抜け出る。身切る（見限《かぎ》る）ことになる。生命（心・魂）のなくなった体を亡骸《なきがら》と言うのは意味深い。亡骸に生前の障害を置き去って行けることを知っているのと知らないのとでは大差がある。この世で、治療等で切断してなくなったその手足に「激痛が走る」と苦しむ幻肢《げんし》痛があるのに似ている。死因となった病気やケガの身体の苦痛や不自由さを引きずった思いのままで他界するとあの世でも呻吟《しんぎん》し自縄自縛《じじょうじばく》で苦悩が続く。何かに取りすがってでも助かりたいだけの卑屈《ひくつ》な魂に成り下がってしまう。真理を知っておくのは現世も来世も大切なことである。

命はこの世で学習、体験したことを保持し来世で生かせる。徳ある（善行多く、心が軽い）人はそれに応じて魂の高いエリアに存在を認められ、不徳（素行が悪く、心が重い）な人は魂の低いエリアに自然にランク分けされていく。

「生活習慣好転」学びの集い

比重《ひじゅう》は厳正《げんせい》だ。

私がどの世でも健康で自由に生きられるように講演をしたり読んだり書いたりしていることを、チャトラはネコであったが「門前の小僧、習わぬ経を読む」のように、いつの間にか以心伝心《いしんでんしん》、テレパシーとして受けた可能性は大きい。

一、命は生き通しである。
一、心に強く思うことが実現する。
一、命は良いことに使う（使命）。
一、どの世界にも通用する真の自分は生命（心・魂）である。

チャトラは、遠い火葬場から帰って来たのでなく、息絶えた時、体調の崩れた身体から命（心・魂）は抜け出し、次の段階の世界に住み替えたのだ。私の信条をそのまま受け入れ、生き通しを信じ、心に強く飼い主の私のところに帰りたいと思い（本当のことを伝えるのは良いことだ）、信じて帰って来たのだ。

九カ月間あの世で学び、いろんな本能に気づき能力もつけ、元気（元来の気）で、境界波を超え、自由に動け、声帯等なくても霊魂（波長）を振動させれば発声にもなり、思い通り他の表現も可能である。我が家で鳴く声は、若い。そして声に感情が窺《うかが》える。喜怒哀楽《きどあいらく》表現の心も持っている。

チャトラは今のところ、懐かしい甘えたい嬉しい感情しか出していない。

酷《むご》い殺され方をした死者が夜な夜な犯人の枕元に怒り苦しみ恨《うら》みのこもった声をかけるとすれば戦慄《せんりつ》が走る。これが現実にあり、恐れをなして「自首・自白」したとの報道もある。周囲は単に犯人が罪の意識に苛《さいな》まれた結果として片づけているが、現実に起きていることに相違ない。どの命も続いている。虐待も惨殺も無駄な捕獲《ほかく》もあってはならないことだ。

チャトラの世界も、初めて学んだり体験したりの生活で、大変なことも多いと思う。真理は汝《なんじ》を自由ならしめん、の教えもあるように、ネコなりに私たちの行っていた日常真理を覚えていて、自由で、軽く、若い体になり、どんな動きもできるようになっている。現世も来世にも共通する真理は多いようだ。チャトラは私たちの社会にいたころより元気良く、利点も多く、充実して生きている。

命の存続に必要なものは用意されているらしい。皆、どの世界に生活していてもその世界の恩恵《おんけい》をありがたくもたくさん受けている。

霊界に先立った父母、兄弟、友人、知人等もチャトラのように、私を気にかけてくれているかもしれない。恥ずかしくない、できれば喜ばれる生き方をしたいと思う。

家族の心

長男はネコを助けたが、娘も三十歳の頃に人命救助に携《たずさ》わったことがある。

市内スーパーマーケット店内で首が締まり窒息《ちっそく》状態に陥った五歳男児にいち早く心肺蘇生《しんぱいそせい》を施し救助したとして防災功労表彰が地域の消防本部から贈られ、新聞でも報道《ほうどう》された。

エスカレーターから身を乗り出した男児の首が、天井から吊り下げられた案内板とエスカレーターベルトの間に挟まれた事故だった。

脈《みゃく》も呼吸もなく顔色は青紫に変わっている男児を、二人の幼子連れの娘が取ったとっさの救助行動だ。救急隊が到着《とうちゃく》するまで心肺蘇生を行った。

息を吹き返し顔色も元に戻ったという好結果に、関係者一同胸を撫で下ろした事件であった（詳しくは自著『人間の使命』参照）。

とっさの時、人は本心が出る。家族みんなが、**どの命も常に大切に**思っていてくれることが嬉しかった。

一寸《いっすん》の虫《むし》にも五分《ごぶ》の魂《たましい》？

健康で快適、意義ある充実した人生にするための生活習慣好転学

「（真に理に合う学び）知る、する、続ける」をモットーとしたＫＡＣスクールを長年続け、既出版物にも病気や苦難から解放され生活が好転した体験を多数掲載している。会友さんには、会報も出している。

訪れた方が望まれたら、録音出来たチャトラの声を再生する。

静かに聴き終わると「生きて甘えている声」と評されることもある。

「本当にあの世が有ることが解りました。『亡くなったネコが鳴く』

と会報で読んだのと、今、ここで聞いたのとでは、心に響《ひび》くものが違います。これから更に襟《えり》を正していきます」と話され心の変化が窺《うかが》える。

生活真理はこの世だけでなく未来どの世も幸運に過ごせる糧《かて》になる。次世代に継承すれば子孫も好転、安泰が続く。

声だけでチャトラは人を奮起《ふんき》させる大きな働きをしている。

「一寸の虫にも五分の魂」のことわざがある。取るに足らない小さな虫も見下《みくだ》したり粗末《そまつ》な扱いをしてはならない戒《いまし》めの故事である。

お話しするインコ、演技するラッコ、ゲームをするサル等の記録動画に思わず見入ってしまう。ハトは遠距離《えんきょり》を迷わず往復飛来《おうふくひらい》でき、小指の爪《つめ》大のミツバチの生息が果実等の収穫を左右する。

盲導《もうどう》、介助《かいじょ》、警察での捜査、救助の訓練を受け社会に大きく貢献《こうけん》する犬。

風雪もいとわず長期に亘りひたすら主人を待つ忠誠心《ちゅうせいしん》ある伝説の犬。

素晴らしい理解力、記憶力、表現力、忍耐《にんたい》力まで持っている。

「小さな生き物にも計り知れない偉大《いだい》な魂」と心から称賛《しょうさん》したい。

人は自分の都合で自殺しますが、人以外の生物は自死しません。

大脳のないダンゴムシでさえ困難に打ち勝って最後まで生きようと努力します。動物だけでなくオジギソウ、食虫植物他、生きているものには全て意志があります。生きて居たかったであろうたくさんの命をいただいて、今の私たちの身体は出来ています。

おわりに

ペットのことでペンを執るとは思いも及ばないことでした。チャトラが亡くなって九カ月経って再び声を聞けるなど、私でなくても誰が想像するでしょう。過去出版の『人間の使命』『どんなことも今から大好転　あなただけの金メダルを』他の自著作品には、肉体は亡くなっても命は生き通しである体験や真理をたくさん書きましたが、「その通りだった」とあの世を抜け出してまでチャトラは伝えに来てくれたのです。

平成二十九年二月十二日に姿なきまま鳴き始めて五月二十二日まで、チャトラが計画したのか、あるいは神（サムシンググレイト）から、飼い主の元へ帰ることを許された日数だったのか分かりませんが、記録した日記帳を正確に辿り調べましたところ、ちょうど百日間来てくれていたのです。鳴き声は百八十三回でした。

初めて鳴き声を聞いた二月は本当に驚きましたが、三月、四月になると生活に馴染み普通に近い感覚で「また帰って来てくれている」になっていました。

慣れてくると感動がうすれます。いつまでも続けて鳴いてくれるような気になっていた自分がいたのを思い出してやるせない気持ちになります。

鳴き始めてチャトラの一周忌を迎える頃、記念になれば、また記憶の鮮明な間にと思い立ちパソコンに向かい始めました。

鳴かない日もありましたが、鳴く日には一回、多い時で八回聞きました。

原稿を打ち込み始めると、パソコンのそばに来て鳴くようになりました。それから十日後鳴かなくなりました。そんな日もあったから、またそのうちにと心待ちしていましたが、やはり再びチャトラの声は聞けなくなりました。それっきりでした。

チャトラは私が原稿を書き始めたのを確認して自分の任務は完了したと思ったのでしょう。チャトラはきっと今回の偉業で進化し、より高いエリアに移り、楽しく生きていると思えます。

珍しい記録はギネス世界記録に登録されると聞いています。

動物の部では最も長生きのネコ（三十歳十三日　アメリカ）が登録されています。チャトラは現世では長命ではなかったのですが、あの世から無き姿で**命は生き続ける**という重要なことを伝えに来た働きは、他に類を見ないほど大きいと思います。

いつかチャトラが貴重な存在としてギネスに登録されることを願っています。

チャトラと暮らせた私たちもギネスレベルの幸せな家族と言えるでしょうか。

他の世界があることをご存知ない方に、動物好きの方に、生き物に関わっておられる方々に親しく読んで頂きたく、東京図書出版にお願いをして読み易い良い仕上がりになりました。

出版でご協力頂きました方々、ご縁を頂きました皆様に心から感謝お礼申し上げます。ありがとうございました。

池田　志柳（いけだ　しやぎ）

1943年生まれ
滋賀県守山市在住
詩人・真理研究者

幼児から成人までのカルチャースクールを公民館や自宅で開き33歳から69歳まで講師・70歳からは自由学習（要予約）に自宅を開放

ユニセフ・日本赤十字他への活動支援は35年以上継続
紺綬褒章他多数受賞

【著書】
詩 の 部『白い詩』
真理の部『人生を変える「真理《まごころ》」の法則』『人間の使命』
『どんなことも今から大好転　あなただけの金メダルを』他

おかえりチャトラ

2018年７月18日　初版第１刷発行
2023年９月７日　第２刷発行

著　者　池 田 志 柳
発行者　中 田 典 昭
発行所　東京図書出版
発売元　株式会社 リフレ出版
〒112-0001　東京都文京区白山 5-4-1-2F
電話 (03)6772-7906　FAX 0120-41-8080
印　刷　株式会社 ブレイン

ISBN978-4-86641-164-4 C0095
Printed in Japan 2023

ご意見、ご感想をお寄せ下さい。

［宛先］〒113-0021　東京都文京区本駒込 3-10-4
東京図書出版